VALS,

STATION HYDRO-THERMALE DE L'ARDÈCHE

SON ORIGINE — SES PROGRÈS — SON AVENIR

PAR

Henry VASCHALDE

Administrateur de l'Etablissement thermal de Vals,

Membre Correspondant

de plusieurs Académies et Sociétés savantes.

**Lu le 16 avril 1873
au Congrès des Sociétés savantes
réunies à la Sorbonne.**

AUBENAS

IMPRIMERIE DE Léopold ESCUDIER

1874.

VALS

SON ORIGINE — SES PROGRÈS — SON AVENIR

VALS

STATION HYDRO·THERMALE DE L'ARDÈCHE

SON ORIGINE — SES PROGRÈS — SON AVENIR

PAR

Henry VASCHALDE

Administrateur de l'Etablissement thermal de Vals,
Membre Correspondant
de plusieurs Académies et Sociétés savantes.

**Lu le 16 avril 1873
au Congrès des Sociétés savantes
réunies à la Sorbonne.**

AUBENAS
IMPRIMERIE de Léopold ESCUDIER

1874.

SOCIÉTÉ

SCIENCES NATURELLES ET HISTORIQUES
DE L'ARDÈCHE

EXTRAIT DU PROCÈS-VERBAL DE LA SÉANCE DU 6 MARS 1873.

PRÉSIDENCE DE M. LE DOCTEUR NIER.

. . . .

. . . .

M. Henry Vaschalde, Administrateur de l'Etablissement thermal de Vals, lit un mémoire extrait d'un ouvrage qu'il termine en ce moment : **Vals** — *Son origine* — *Ses progrès* — *Son avenir.* L'auteur signale tout l'intérêt que présente le département de l'Ardèche en général et la station de Vals en particulier.

Cet intéressant mémoire est jugé digne d'être lu devant les Sociétés savantes qui se réuniront le mois prochain à Paris et la Société délègue son auteur, M. Henry Vaschalde, pour la représenter aux réunions de la Sorbonne.

Les travaux de M. Henry Vaschalde imprimés ou en préparation sont nombreux : le premier volume du *Panthéon du Vivarais* surtout est une œuvre remarquable qui a valu à son auteur les plus chaleureuses félicitations. Cet ouvrage, dédié **à toutes les gloires de l'Ardèche**, se composera de 4 volumes in-4°, illustrés d'un grand nombre de portraits et de blasons.

Parmi ses ouvrages imprimés, on remarque :

Vals autrefois — in-8°. Largentière, 1866.

Les Mines d'argent de Largentière — in-8°. Privas, 1868.

Simples questions d'histoire ardéchoise — in-8°. Privas, 1870.

Les Ballons depuis leur invention jusqu'au dernier siége de Paris — in-8°. Aubenas, 1872.

Vals au XVIᵉ siècle — *Vals au XIXᵉ siècle* — in-8°. Aubenas, 1873.

Recherches sur les anciennes sociétés et corporations de de la France méridionale — in-8°. Paris, 1873.

Clotilde de Surville et ses poésies — *(documents inédits)* — in-8°. Paris, 1873.

Mes notes sur le Vivarais — *(documents inédits)* sous presse.

La Société reconnaît que tous ces travaux sont dignes d'encouragement et appelle sur leur auteur le bienveillant intérêt du Comité historique chargé de la distribution des récompenses.

Le Président :

NIER.

Le Secrétaire :

PICHON.

MESSIEURS,

Les voyageurs qui ont visité les Alpes et les Pyrénées avouent qu'ils n'ont trouvé nulle part tant de sites curieux renfermés dans un espace relativement aussi restreint que celui occupé par le département de l'Ardèche, le pays « *le plus hâché de France* » comme l'a dit un savant écrivain.

Il n'est pas un touriste qui ne se sente saisi d'étonnement et d'admiration à la vue du *Pont-d'Arc*, merveille gigantesque taillée par la main puissante de la nature dans un énorme bloc de marbre grisâtre.

Faujas de Saint-Fond dit que la *Coupe d'Aizac*, par ses proportions et sa forme, ressemble parfaitement au Vésuve.

Buffon et Beudant regardent la *Gravenne* de Thueyts comme le plus beau de tous les volcans éteints de l'Europe.

Giraud-Soulavie a observé que les mêmes phénomènes que l'on voit dans la grotte du chien à Naples se produisent plus promptement, plus énergiques dans le *Trou de la poule* à Neyrac.

Arthur Young trouve que la Tamise coule dans un lit plus large, mais que l'*Ardèche* a une onde plus pure et des rivages plus accidentés.

Berzélius n'a vu nulle part un plus grand nombre d'espèces de basaltes.

Le fils d'Herschell compare les deux *Chaussées des Géants,* celle d'Ecosse et celle de Thueyts, et donne la préférence à celle-ci, à cause de sa hauteur qui atteint en certains endroits jusqu'à 80 mètres, et de la régularité des prismes qui la composent.

Le plateau du *Mézenc,* ce Caucase du Vivarais (1774 mètres), faisait les délices de Jules de Malbos.

Enfin, Ovide de Valgorge appelle le *Ray-Pic* « un des plus grands coups de pinceau de la nature ».

C'est au milieu de toutes ces beautés naturelles, sur les bords de la Volane, entouré de volcans éteints qu'est situé Vals !

Telle est, Messieurs, l'heureuse position topographique de cette petite ville dont le nom est devenu européen

L'ORIGINE DE VALS

Vers le milieu du seizième siècle, quelques jeunes gens qui se baignaient dans la Volane, aperçurent sur les bords de cette rivière des bouillonnements qui fixèrent leur attention; ils goûtèrent l'eau qui arrivait en bouillonnant à la surface du rocher et la trouvèrent singulière, fort bonne surtout.

Les *Eaux de Vals* venaient de naître ! [1]

Cette petite découverte fut connue des habitants du bourg; ils vinrent tous se désaltérer à cette eau singulière.

En 1567, une terrible inondation cacha ou fit disparaître cette première source minérale de Vals.

En 1601, par un beau jour d'été, deux pêcheurs nommés Antoine Vianès et Pierre Brun, découvrirent sur les bords de la Volane, dans un creux de rocher, une eau limpide et pure comme le cristal. Ils burent à longs traits de cette eau qui ne ressemblait en rien à celle du torrent; Pierre Brun fut complètement guéri d'une maladie grave

---

[1] Je possède, sur Vals, des documents importants dans lesquels sont relatés un acte de partage de 1562 et un sommaire à prise de 1568, où il est fait mention de *Fontaines minérales* à Vals.

dont il était atteint, après avoir bu pendant quelques jours à la source qu'il venait de dévouvrir. [2]

La reconnaissance donna un premier nom à cette source : on l'appela la *Bonne Fontaine.*

C'est encore le nom que les habitants de Vals donnent à toutes leurs fontaines minérales.

Plus tard, Marie de Montlor, dame de Vals, ayant pris sous sa haute protection cette source bienfaisante, voulut lui donner le baptème et en être la marraine : la Bonne Fontaine reçut le nom de *Marie* qu'elle a toujours porté depuis.

Presque en même temps on découvrit, à l'autre rive de la Volane, une source plus singulière encore qui fut appelée *Marquise.*

La *Marquise* doit son nom à dame Marie de Montlor, marquise de Maubec. Comme marraine de deux sources qu'on baptisait le même jour, elle donna son nom à l'une et son titre de noblesse à l'autre.

La réputation de ces deux sources minérales s'étendit dans tout le royaume, soit par les cures qu'elles opéraient, soit enfin par le haut et puissant patronnage de dame Marie de Montlor, maréchale d'Ornano.

Claude Expilly, président au parlement de Grenoble, vint en 1609 boire à ces sources salutaires pour se débarrasser de la gravelle dont il

---

(2) Claude Expilly, *Poèmes.* Grenoble 1624.

était atteint depuis longtemps. Sa guérison fut si complète qu'il rima des odes aux fontaines de Vals.

Ce fut sur les bords de la Volane qu'il composa les chants d'action de grâce que l'on peut lire dans ses *Poëmes*, imprimés à Grenoble en 1624.

Vers 1628, on découvrit à Vals une autre source à laquelle la maréchale d'Ornano donna le nom de *Saint-Jean*, en mémoire de son mari Jean-Baptiste d'Ornano, dont elle était veuve. En 1827, une inondation dont le Vivarais gardera longtemps le souvenir fit disparaître cette source précieuse que les habitants de Vals appelaient volontiers la *Fontaine des Vieillards*, parce qu'on la tenait comme très-bonne pour la poitrine.

En 1629, un religieux de l'ordre de Saint-Dominique, atteint d'une fièvre quarte, rebelle à toute espèce de remèdes, vint à Vals boire les eaux dont il avait entendu parler avec éloge; il espérait y trouver un soulagement à sa maladie. Un jour qu'il se promenait seul du côté de la montagne, il aperçut, dans un creux de rocher de couleur rougeâtre, une eau qui ne ressemblait en rien ni à celle du ruisseau qui était près de là, ni à celle des *Bonnes Fontaines*. Il la goûta et ne s'en trouva pas incommodé. Après avoir examiné avec beaucoup d'attention, il reconnut que c'était une nouvelle source minérale et non une flaque d'eau douce comme il l'avait cru d'abord.

Pendant quelques jours, il vint matin et soir boire de cette eau qu'il trouvait si étrange d'aspect et de goût ; le résultat fut la guérison complète de sa fièvre quarte qui le torturait depuis bien longtemps.

Cette source fut appelée la *Dominique.*

LES PROGRÈS DE VALS

En 1639, parut à Avignon un livre intitulé : *Observations sur les Fontaines minérales de Vals, distillées par Jacques Reynet, apothicaire d'Aubenas.* Ce livre, devenu très-rare, était dédié à haute et puissante dame Marie de Montlor, maréchale d'Ornano, qui avait ordonné à son médecin de faire analyser les eaux en question.

Chaque année, le petit bourg de Vals voyait arriver dans ses murs une foule de malades, à tel point que les Etats du Languedoc durent s'occuper activement du sort de cette station minérale. Ils firent publier par Antoine Fabre, médecin, un *Traité des eaux minérales du Vivarez,* Avignon 1657 : Vals occupe presque tout l'ouvrage.

De plus, pour faciliter l'arrivée des malades, ils firent construire cette belle route de 15 mètres de largeur, entre Aubenas et Lautaret : on ne voit pas en France un plus beau morceau de voie ; les parapets ont quelque chose d'imposant.

L'apparition du livre de Fabre fit accroître le nombre des malades qui allaient demander leur guérison aux sources de Vals.

Les académies de médecine et les savants s'occupèrent de ces eaux, à tel point qu'en France on ne parlait que de Vals.

Je possède un certain nombre de documents qui constatent que les Eaux de Vals étaient bues à la cour sous Louis XIV et Louis XV. On en expédiait beaucoup à Versailles. La grande exportation de la source *Marquise* ressort de nombreux documents de l'époque.

En 1609, Vals ne possédait que deux sources; les routes du Vivarais étaient dans un piteux état; il fallait se faire porter, du Rhône à Vals, en litière; l'installation des Eaux était tout-à-fait primitive : tout semblait disposer pour repousser les malades, et cependant Claude Expilly nous dit que les logements étaient pleins *tout partout.*

La grande vogue de Vals dura jusqu'au commencement du dix–neuvième siècle. A partir de 1815 ou 1820, on expédia moins de bouteilles. A cette époque la mode *d'aller aux eaux* était bien passée.

En 1839, Vals prit un grand essort.

On y découvrit une nouvelle source d'eau minérale à laquelle M. Dupasquier, qui en fit l'analyse sur place, en 1845, donna le nom de *Chloé.* Sur les conseils du savant professeur, le propriétaire de la source construisit un établissement de bains, mais un établissement tout-à-fait primitif.

Vals dut à la découverte de la source *Chloé* de reconquérir son ancienne réputation et d'entrer même dans une phase nouvelle de prospérité. On construisit un hôtel digne de recevoir les nombreux baigneurs qui se rendaient chaque année à Vals. Comme au temps d'Expilly les logements étaient pleins « *tout partout.* »

La petite station de Vals se croyait arrivée à l'apogée de sa prospérité.

L'expédition de ses eaux était considérable : 30 *mille bouteilles* dans une année !

C'était énorme à cette époque, mais cette prospérité était tout-à-fait relative.

Voici, Messieurs, où commence la grande marche ascendante de Vals.

En 1864-65, deux grandes sociétés s'y fondèrent : la *Société Galimard* et la *Société Laforet.*

La première commença par faire une immense publicité au dehors et lança en grand l'exportation des eaux ; la seconde, qui venait d'acquérir toute la propriété de l'Etablissement des bains et ses dépendances, employa des sommes énormes sur les lieux ; elle prit à cœur de faire de Vals le Vichy du midi.

Par les soins de ces deux puissantes sociétés, la transformation ne tarda pas à être complète.

Elles commencèrent d'abord par faciliter la construction du pont submersible et de la belle *Avenue de Farincourt,* en faisant l'abandon de tous les terrains pris par la nouvelle voie.

La Société Laforet seule en donna plus de 1500 mètres. Elles y ajoutèrent une somme considérable en argent pour commencer les premiers travaux.

Les montagnes se convertirent bientôt en promenades.

On fit des parcs, des squares, des allées, des chemins, des kiosques, des châlets ; là où il y avait des rochers on a fait une pelouse ; là où il n'y avait que du gazon on a fait des rochers.

En 1866, la Société Galimard découvrit la Fontaine intermittente que l'on peut appeler le *Geiser* du Vivarais ; cette belle source, qui jaillit toutes les cinq heures, produit un effet magique.

En 1867-68, la Société Laforet créa un établissement hydrothérapique très-complet, construisit un magnifique établissement de bains, convertit toute sa propriété en parcs et jardins, au milieu desquels fut bâti le *Grand-Hôtel des Bains.* En un mot, elle ne négligea rien pour assurer aux malades les ressources et les commodités que l'on exige aujourd'hui dans les stations thermales les plus fréquentées.

Indépendamment de la *Marquise* et de la *Chloé* sources justement célèbres, l'établissement en possédait d'autres non encore analysées et laissées jusqu'alors dans un état voisin de l'abandon. Capter avec soin ces sources inconnues au public et par des forages intelligents en accroître le nombre: telle fut, Messieurs, l'œuvre qui me fut personnellement confiée.

Mes efforts ne tardèrent pas être couronnés d'un plein succès : en très peu de temps, l'Etablissement possédait huit sources de plus, dont une sulfo-ferro arsénicale, la *Saint-Louis* et la *Grande Source Alexandre :* cette dernière est sans contredit la plus belle source bicarbonatée-sodique qui existe en Europe. [1]

Toutes les sources de la Société Laforet ont été analysées sur les lieux , approuvées par l'Académie de Médecine et autorisées par l'Etat. Elles alimentent les douches et l'Etablissement de bains qui se compose de 80 cabinets, dont 5 sont spécialement consacrés aux bains ferro-arsénicaux de la source *Saint-Louis*.

Tel est aujourd'hui, Messieurs, l'Etablissement dont le célèbre Dupasquier posa la première pierre en 1845, en faisant établir les premiers bains qui devaient faire la réputation de Vals et qui, d'après ses consciencieuses recherches, étaient selon son

---

[1] Je fis exécuter le forage de cette source en octobre 1868. Sa découverte eut, à Vals et dans les environs, les proportions d'un grand évènement.

Les derniers coups de sonde déterminèrent la sortie de l'eau avec une force et une abondance telles, que des planches clouées à l'échafaudage en furent arrachées et volèrent en éclats à une grande distance. Deux des ouvriers furent ensevelis pour un moment dans ce magnifique geiser. Le jet dépassa de deux mètres la tour de l'hydrothérapie (soit 12 mètres de hauteur).

expression : *en tout semblables à ceux de Vichy.*

La Société Laforet a consacré plus d'un milion à ce bel établissement.

Ls Société hydrominérale, fondée depuis trois années a suivi ses devancières ; elle, aussi, a contribué à la transformation de Vals, en faisant un parc, une avenue et des grottes qui sont la création la plus originale du bassin des eaux.

En résumé, Vals possède aujourd'hui près de cinquante sources : c'est le bassin hydrominéral le plus riche de l'Europe.

Voici maintenant, Messieurs, les résultats de cette transformation, œuvre de moins de dix années :

En 1862, Vals possédait 3 hôtels et recevait de 800 à 1000 malades, on y donnait de 2 à 3000 bains dans la saison.

L'exportation s'élevait à 35 mille bouteilles.

Le montant des impositions payées par la commune était de moins de 30 mille francs.

Elle ne comptait que 2,700 habitants de population.

Aujourd'hui, Vals possède 19 hôtels.

Il a reçu plus de 4,000 malades en 1872.

On a donné près de 35,000 bains ou douches.

Le chiffre de l'exportation a dépassé 2 millions de bouteilles.

La ville de Vals paie aujourd'hui 55,534 fr. 30 c. de contributions directes.

Enfin, pendant que le dernier recencement accuse une diminution de 397 mille habitants pour la France entière — sans parler bien entendu de la perte de nos deux provinces — et de sept mille pour le département de l'Ardèche, Vals a vu, depuis 5 années, sa population augmenter d'un cinquième.

Voilà, Messieurs, des chiffres qui sont plus éloquents que tous les éloges que l'on pourrait faire de la station de Vals.

L'AVENIR DE VALS

Vous avez vu, Messieurs, combien cette petite station de l'Ardèche a grandi dans l'espace de quelques années seulement. Aujourd'hui, Vals est connu du monde entier ; l'exportation de ses Eaux s'accroit tous les jours. Mais ce n'est pas tout-à-fait dans l'exportation que réside l'avenir de Vals, en tant que station hydro-minérale. Il y a une grande différence entre un établissement thermal et un établissement d'expédition de bouteilles, entre Vichy et Saint-Galmier ; une belle station hydro-thermale peut faire la richesse d'un département, tandis que l'exportation n'enrichit que les sociétés : l'une est l'aisance publique l'autre est la fortune privée.

L'avenir de Vals est donc dans son *Etablissement thermal* et tout ce qui constitue la station. Mais cet avenir est lui-même subordonné à une grande chose : l'exécution du chemin de fer d'Alais au Pouzin, avec embranchement sur Aubenas.

Pour arriver à Vals, il faut faire 40 kilomètres en voiture : il est impossible aux malades de pouvoir les supporter.

Le jour où les baigneurs n'auront que 3 ou 4

kilomètres d'omnibus à faire, de la gare d'Aubenas
à Vals, notre station sera une des premières du
globe, parce qu'elle possède une collection de
sources minérales que l'on chercherait en vain
dans les plus célèbres établissements.

Mais il faut que ces eaux soient rendues très-
accessibles aux malades.

Il est une autre considération en faveur de la
prompte exécution du chemin de fer d'Alais au
Pouzin, ce sont les mines de Prades (à 4 kilomètres de Vals). Vous savez, Messieurs, combien la
houille devient rare; le bassin houiller de Prades,
qui vient de passer entre les mains d'une puissante
compagnie, est excessivement riche; or, il est
incontestable que son exploitation ne sera sé-
rieuse que lorsque nous aurons le chemin de fer.

Nos honorables députés, M. Destremx surtout,
ont plusieurs fois porté à la Chambre cette question
qui intéresse tout le midi de la France; malgré
leurs efforts, nous souffrons toujours des lenteurs
de l'Administration et de la Compagnie.

Il serait à désirer, Messieurs, que ce fâcheux
état de choses eût sa fin.

Au nom d'un département qui renferme tant
de richesses à exploiter; au nom de Vals, appelé
à rendre d'immenses services à la santé publique,

je me permets de faire appel à la sollicitude du Gouvernement.

A l'exécution du chemin de fer d'Alais au Pouzin est attaché l'avenir de Vals !

Depuis la lecture de ce Mémoire, Vals a fait de nouveaux progrès ; on y a construit d'autres hôtels, une usine à gaz pour l'éclairage ; on a prolongé l'*Avenue de Farincourt* — Aujourd'hui c'est le plus beau boulevard de l'Ardèche — La Société C. Laforet vient de faire doubler l'*Etablissement hydrothérapique*, de façon à ce que les dames soient complétement séparées.

Les douches seront alimentées, soit par la *Grande Source Alexandre*, soit par un grand réservoir qu'elle vient de faire construire dans les entrailles de la montagne en face de l'Etablissement. Les douches seront donc à une température aussi basse que possible.

On vient d'installer un gazomètre pour recueillir le gaz acide carbonique que la *Grande Source Alexandre* dégage en grande quantité — tout le monde connaît le curieux sifflet de cette source que le gaz met en jeu comme celui d'une locomotive — La Société C. Laforet pourra donc offrir aux malades des douches d'acide carbonique.

Enfin, M. le Ministre des travaux publics vient d'adresser à M. le Préfet de l'Ardèche un rapport relatif à l'embranchement du chemin de fer sur Aubenas. M. le Ministre a adopté l'avis du Conseil général des ponts et chaussées d'après il sera établi deux stations sur l'embranchement d'Aubenas, l'une au-dessus de St-Sernin, l'autre à la côte 237 mètres au-dessous d'Aubenas, « de façon à faciliter le « prolongement ultérieur vers la partie supérieure de la

« vallée de l'Ardèche, où se trouve la station balnéaire de
« Vals et les usines de houilles de Prades. »

Les travaux marchent avec beaucoup d'activité sur toute
la ligne.

Aujourd'hui il est certain que nous aurons le chemin de
fer à Aubenas à la fin de l'année 1875.

On s'occupe aussi sérieusement de l'embranchement
d'Aubenas au Pont-de-Labeaume, avec gare à Labégude,
à 300 mètres de Vals.

Notre station hydro-thermale est en bonne voie de prospérité ; avec le chemin de fer, Vals sera une des plus belles
villes d'eau de la France.

H. V.

Vals, 1er *mai* 1874.

Aubenas, impr. de Léopold ESCUDIER.

/0

www.ingramcontent.com/pod-product-compliance
Lightning Source LLC
Chambersburg PA
CBHW060500200326
41520CB00017B/4857